Güngör Aydin

Die politischen und wirtschaftlichen Hintergründe der sozialistischen Marktwirtschaft in China seit 1978

GRIN Verlag

Bibliografische Information der Deutschen Nationalbibliothek:

Die Deutsche Bibliothek verzeichnet diese Publikation in der Deutschen National-
bibliografie; detaillierte bibliografische Daten sind im Internet über http://dnb.d-
nb.de/ abrufbar.

Impressum:

Copyright © 2011 GRIN Verlag GmbH
Druck und Bindung: Books on Demand GmbH, Norderstedt Germany
ISBN: 978-3-656-75568-5

2011

BESONDERHEITEN UND AUSWIRKUNGEN DER CHINESISCHEN SOZIALISTISCHEN MARKTWIRTSCHAFT SEIT 1978

1. Die Chinesen kommen

„Ein kleiner, dicker Junge hat einen Alptraum. Er sieht die olympischen Spiele in Peking im Jahre 2008. Um genau zu sein, die Eröffnungsfeier. Tausende chinesische Trommler trommeln nahezu perfekt und simultan auf antiken Trommeln. Der Junge windet sich und ruft verzweifelt: Nein. Die Chinesen, nein. Jemand muss sie aufhalten… Sie werden die Welt übernehmen." [1] Diese vereinfacht dargestellte Eröffnungsfeier der olympischen Spiele in Peking 2008, stammt aus der Serie South Park, einer Zeichentrickserie aus Amerika. Die Serie ist dafür bekannt, dass Sie aktuelle Themen aufgreift und auf überzogene und nicht mit der Realität übereinstimmende Weise wiedergibt. Sachverhalte werden vereinfacht dargestellt und auf humoristische Weise behandelt. Aber hinter der Serie steckt noch mehr. Gesellschaftskritik und böser Humor sind nur ein Teil davon. Inhalte überzogen darzustellen, ist nämlich durchaus eine Möglichkeit Sachverhalte zu präsentieren. Thema dieser Sequenz sind also die Chinesen. Die Angst des Jungen scheint auf den ersten Blick irrational und unerklärbar. Aber betrachtet man den Sachverhalt genau, dann stößt man auf Fakten, die genannt werden. China ist ein bevölkerungsreiches Land und hat ein jährlich stetes, stark steigendes Bruttoinlandsprodukt von fast 9%. Betrachtet man den relativ kurzen Zeitraum, in dem China zu dem geworden ist, nämlich einer wirtschaftlichen Großmacht, die es mit dem amerikanischen Markt aufnehmen kann, ist die Sorge des Jungen vielleicht gar nicht so unberechtigt. Der wirtschaftliche Aufschwung setzte schon lange vor den olympischen Spielen an, doch das weltweite Interesse und die Medienpräsenz steigerten das Bewusstsein der Welt für China. In den vergangenen 30 Jahren erlebte die Volksrepublik China einen rasanten wirtschaftlichen Aufschwung und erlangte internationales Interesse besonders auf Ebene der Wirtschaft. Wie es dazu kam, dass dieses Land einen starken Wechsel durchlebte, soll in der folgenden Hausarbeit dargestellt werden. Vor den wirtschaftlichen Entwicklungen werden zuerst die politische Ausgangssituation und die politischen Reformen dargestellt. Danach soll das wirtschaftliche Modell erläutert werden.

---

[1] Das China-Problem. Staffel 12 Folge1208. Zeichentrickserie South Park, South Park Studios Deutschland.

2. Besonderheiten und Auswirkungen der chinesischen sozialistischen Marktwirtschaft seit 1978

2.1. Politische Entwicklung in drei Phasen

2.1.1. Geschichtlicher Ausgangspunkt

2.1.1.1. Ereignisse vor 1978

Betrachtet man China in der 2. Hälfte des 20. Jahrhunderts, kann man die geschichtlichen Ereignisse in zwei Hauptteile fassen.[2] Der erste Teil wird von Mao Zedong und der Kulturrevolution geprägt. Die Kulturrevolution, welche von 1966 bis 1976 andauerte, war ursprünglich für einen Zeitraum von etwa einem halben Jahr geplant, doch sie verlängerte sich auf einen Zeitraum von 10 Jahren. Darunter fielen Maos Kampagnen zur Beseitigung herrschender Missstände, dieses Vorhaben wurde durchaus begrüßt. Maßnahmen zur Verbesserung der Lebensumstände und eine Vereinheitlichung des Volkes als Arbeiter unter dem Kommunismus, sollten durch Kollektivwirtschaft und einem nationalen Staatsbewusstsein erreicht werden. Während dieser Zeit jedoch wurden auch Intellektuelle aus akademischen Kreisen, wie Uniprofessoren und Lehrer bekämpft, mit der Begründung, dass Sie der Partei Schaden zufügen würden durch aufwieglerische Gedanken und Propaganda. Viele Betroffene mussten Demütigungen und körperliche Gewalt erleiden. Akademiker wurden gewaltsam aus ihren Lehranstalten gezerrt und öffentlich verprügelt von linken Gruppierungen, die sich deutlich zu Mao und seiner Kulturrevolution bekannten. Wichtige Hauptpersonen der Kulturrevolution waren Jiang Qing (Maos Ehefrau), Zhang Chunqiao, Yao Wenyuan und Wang Hongwen. Die genannten Personen bildeten die sogenannte Viererbande, welche später zu den „Haupttätern" der Kulturrevolution erklärt wurde und welche die Schuld dafür übernehmen mussten und dafür verurteilt wurde. Die Kulturrevolution endete 1976 mit Maos Tod. Eine neue Zeit sollte nun beginnen und ein Nachfolger musste her, der in Maos Fußstapfen treten musste.

2.1.1.2. Hua Guofeng

Dieser Nachfolger sollte Hua Guofeng sein. Es stellte sich jedoch bald heraus, dass er als „politisches Leichtgewicht"[3] jedoch nicht lange im Amt des Ministerpräsident bleiben sollte. Er machte schon zu Beginn seiner Amtszeit schwerwiegende Fehler, welche man in drei Aspekte aufteilen kann. Zum einen pflegte er weiterhin den Personenkult, der schon zu Maos

---

[2] Siehe: Roberts, J. A. G.: A history of China. S.256
[3] Siehe Weggel, Oskar: Geschichte Chinas im 20. Jahrhundert, S. 306

Zeiten für diesen betrieben wurde. Ihm fehlte jedoch die Berechtigung, war er doch erst seit kurzem im Amt und hatte seine Verehrung noch durch keine Leistungen verdient. Durch die Forderung nach dieser Verehrung zog er sich außerdem den Unmut alteingesessener Parteimitglieder zu. Des Weiteren fehlte ihm die feste Position. Er hatte weder in der Partei, noch in der Regierung noch in der Armee festen Halt. Seine einzige Legitimation bestand in Maos Sendungsauftrag. Und zu guter Letzt machte er da mit den gleichen Fehlern weiter, wo Mao aufgehört hatte, in dem er unrealisierbare Ziele setzte und schon utopische Erträge und Bedingungen in der zweiten Dazhai-Konferenz forderte und die Reduzierung des Fachpersonals auf 18 % in den Betrieben und das Einholen der USA in wenigen Dutzend Jahren bei der der Daqing-Konferenz. Solch unrealisierbare Ziele hatten zur Folge, dass Hua Guofeng sich nicht lange in seinem Amt halten konnte. Seine Amtszeit endete bereits 1980 und in den Jahren darauf verlor er auch seine restlichen Ämter im ZK[4], bis auf eines, welches ihm von dem neuen Machtinhaber überlassen wurde. Er stellte für sie also eine so geringe Gefahr als politischer Gegner dar, dass Sie ihn nicht mal verbannten.[5]

2.1.1.3.   Deng Xiaopings Werdegang

Eine neue Zeit hatte begonnen mit der Rückkehr Deng Xiaopings. Der geschickte Reformer, hatte bereits unter Mao gedient und war zwei Mal in Ungnade gefallen. Bei erstem Mal wurde er verbannt und musste als Schlosser von 1969 bis 1973 in einer Traktoren-Fabrik arbeiten. Nach seiner Rückkehr im Jahr 1973, wurde er erneut ins ZK gewählt, wurde jedoch 1976 wieder gestürzt und konnte diesmal rechtzeitig fliehen und unter militärischem Schutz frei weiterleben. Zu einer seiner ersten Handlunge zählte, dass die Kulturrevolution im XI. Parteitag vom 12. bis 18.08.1978 für beendet erklärt wurde. Somit endeten, die von Maos gestarteten, Kampagnen und das Land sollte zur Ruhe kommen. Deng Xiaoping sollte China in den nächsten Jahren so prägen wie selten ein einzelner Mann. Durch seine Reformen und sein strategisches Handeln würde China sich erholen und auch nach seinem Tod noch weiter wirtschaftlich aufsteigen. Seine Führungsqualitäten und sein Ruf werden in den Jahren 1978 und 1985 mit dem Titel „Mann des Jahres" vom Time Magazine geehrt und international anerkannt. In der Zeit von 1979 bis 1997 setzte er mit seinen Reformen neue Maßstäbe und brachte das Land auf den richtigen Weg. Zu Beginn seiner Amtszeit hatte er klare realisierbare Ziele und setzte diese konsequent durch. Es ist auch wichtig zu erwähnen, dass er als Stratege es durchaus verstand seine Ziele zu erreichen, indem er zu gewissen Zeiten nicht die öffentliche Rolle selber einnahm, sondern das Geschehen aus dem Schatten heraus

---

[4] ZK= Zentralkomitee der Kommunistische Partei Chinas
[5] Siehe Weggel, Oskar: Geschichte Chinas im 20. Jahrhundert. S.308

zu leiten wusste.[6] Die kommenden Jahren der Entwicklung des Landes China kann man in drei Phasen fassen. Grob unterteilt wären das Dengs Reformkurs vor dem Tiananmen-Massaker, der neue Reformkurs nach dem Tiananmen-Massaker und die Zeit nach dem politischen Wechsel, die bis heute andauert.

2.1.2. Phase I: 1976 bis 1989

2.1.2.1.   Anfangsforderungen

Dengs Forderungen sollten schon zu Beginn seiner neuen Amtszeit positiven Anklang finden. Innerhalb von 9 Monaten im Zeitraum von März 1979 bis Dezember 1979, stellte er Forderungen, die die akademischen Standard des Landes wieder steigern sollten. Dies sollte durch Rehabilitierung der Intellektuellen, Wiedereinführung des Leistungsprinzip, des Prüfungswesens und der Fachschulen und Abschaffung des Egalitarismus, sowie der Stärkung des Bildes der Lehrer und ihrer respektvollen Behandlung beginnen. Das Wissen wurde als wertvolles Gut behandelt und mit dessen Hilfe sollten wirtschaftliche Fortschritte und eine Verbesserung für das Land erziel werden. Noch kurz waren Parolen üblich wie „Werkstätige ohne Bildung sind uns lieber" und „Je mehr Wissen einer hat, desto reaktionärer ist er".[7] So wurden Maos Dogmen abgelöst von neuen Zielen und Arbeitseinstellungen, die eine Verbesserung der Lebensumstände bringen sollte. Dengs Forderungen brachten ein neues Verständnis von Wissen in das Bewusstsein der Menschen und diese trauten sich dieses offen zuzugeben und zu praktizieren.

2.1.2.2.   Das 3. Plenum

Ein weiteres wichtiges Ereignis zu Beginn Dengs Amtszeit, war das 3. Plenum am 12. bis 18.08.1978, in welchem auch die Kulturrevolution für beendet erklärt wurde. Es wurden drei wichtige Hauptpunkte beschlossen. Das neue Ziel der KPCh[8] war nun an die Modernisierung statt Klassenkampf, Abschaffung des Personenkultes und Förderung der Landwirtschaft. Des Weiteren erreichte Deng im 3. Plenum, dass seine politisch gleichgesinnten Freunde in wichtige Führungspositionen eintraten und verstärkte so seinen eigenen Kader in den Spitzenpositionen. [9]

---

[6] Siehe Shambaugh, David: Deng Xiaoping, Portrait of a Chinese Statesman, S. 8
[7] Siehe Weggel, Oskar: Geschichte Chinas im 20. Jahrhundert, S. 310
[8] KPCh = Kommunistische Partei Chinas
[9] Ebenda: S.310

2.1.2.3.   Flankierungsmaßnahmen

Um seine Reformen durchzusetzen und ihnen auch den Weg zu ebnen, erstellte Deng vier Flankierungsmaßnahmen, die ihm dabei helfen sollten. Diese bestanden aus Großer Ordnung, Großer Kritik, Großer Änderung und Großer Rehabilitierung. Ordnung und Änderung bestimmen den Zukunftskurs des Landes und sollten es in geregelten Bahnen aufbauen. Die Große Kritik wurde an der Viererbande geübt mit deren Verurteilung wurde das Kapitels Kulturrevolution endgültig geschlossen. Die Große Rehabilitierung beinhaltete sowohl lebende wie auch bereits verstorbene Personen. So wurden für prominente Opfer der Kulturrevolution Trauerfeiern abgehalten. Die lebenden Personen bildete eine Gruppe aus hauptsächlich drei Personengruppen. Zum einen Mitglieder der „ Nationalen Bourgeoisie"[10], die Gruppe der „Vier Kategorien"[11] unter welche die Grundbesitzer, reiche Bauern, Konterrevolutionäre und „schlechte Elemente"[12] fallen. Die letzte Gruppe der Betroffenen war das Fachpersonal. Deng Xiaopings Bedarf an Fachpersonal war sehr groß und so lief die Rehabilitierung dieser sehr schnell ab und sie konnten in ihre Berufe zurückkehren und dafür angemessen bezahlt. [13]

2.1.2.4.   Modernisierungen

Ein weiterer wichtiger Punkt auf Dengs Plan waren die 4 Modernisierungen. Diese bestanden aus Landwirtschaft, Industrie, Wissenschaft und Technik sowie militärischen Modernisierungen. Im Bereich der Landwirtschaft wurde die Kollektivlandwirtschaft abgeschafft und wieder privatisiert, indem das Land an Familien verteilt wurde und diese es bebauen und den Ertrag verkaufen und besonders den Gewinn behalten konnten. Diese neue Form der Landwirtschaft brachte einigen Landwirten so viel Gewinn ein, dass es über die Jahre bald „glorreich wurde reich zu sein"[14] im landwirtschaftlichen Bereich.[15]

Im Bereich Wirtschaft wurden zentrale Arbeitsplanung von individueller abgelöst. Besonders ausländische Investoren sollten angelockt werden. Um ihnen eine Investition attraktiver zu machen, wurden sogar spezielle Sonderzonen eingerichtet. Unter diese Zonen fallen auch Hong Kong, Macau und Taiwan, die unter dem Kennspruch „Ein Land, Zwei Systeme"[16] ein anderes politischen System haben, statt der Diktatur in China, aber trotzdem unter die

---

[10] Siehe Weggel, Oskar: Geschichte Chinas im 20. Jahrhundert, S. 313
[11] Ebenda: S.313
[12] Ebenda: S.313
[13] Ebenda: S.313
[14] Siehe Meyer, Milton Walter: China, A Concise History, S.308
[15] Ebenda: S.306
[16] Siehe Bergmann, Theodor: Rotes China im 21. Jahrhundert. S.112

Zuständigkeit Chinas fallen. Diese versprachen finanzielle Begünstigungen und warben hauptsächlich in Küstenstädten. In diesen war es naheliegend den Hafen als Umschlagplatz für Waren zu nutzen und somit wirtschaftliche Gewinne zu erzielen. Viele Ausländische Investoren erkannten den Vorteil und nutzen die Gelegenheit in die chinesische Wirtschaft zu investieren.[17] Ein weiteres Mittel um ausländische Investoren zu locken, bestand in der Gründung von Wertpapiergesellschaften. Diese erleichterten den Zugang zum internationalen Markt.[18]

Im Bereich Wissenschaft und Technik wurden die Universitäten unabhängiger von staatlichen Strukturen und konnten freier forschen. Natürlich blieb die Kontrolle und doch wurden größere Freiheiten gewährt und die Mittel der Universitäten modernisiert. Des Weiteren wurden wichtige Verbindungen zwischen Forschung und Produktion hergestellt. So konnte ein effizienterer Ertrag erbracht werden und gleichzeitig die wissenschaftlichen Mittel gesteigert werden.[19]

Die militärischen Modernisierungen sahen so aus, dass alte Generäle in den Ruhestand versetzt wurden und neue Positionen im Bereich der Aufsichtsräte erhielten. Die Zahl der Militärregionen wurde von elf auf sieben gesenkt. Trotz keiner konkreten Bedrohung wurde der militärische Standard hoch gehalten und weiterhin modernisiert.[20]

2.1.2.5.   Die 5. Modernisierung

Mit Hilfe der neuen Reformen kehrten Ruhe und Ordnung ein. Die Rehabilitierung verhalf verstoßenen Beamten wieder in ihr Amt zurück, „der Gesetzesappart begann auf Hochtouren zu laufen"[21], die Religion wurde offen betrieben und auch Meinungsfreiheit war erlaubt. Eine Mauer der Demokratie entstand. Plakate, die als Wandzeitung dienten, wurden genutzt um freiheitliche Text zu veröffentlichen und Meinungen zu äußern. Diese wurden hauptsächlich nahe dem Kaiserpalast an eine Wand geschlagen. Daher erhielt diese Mauer den Namen „Mauer der Demokratie". Anfangs noch zugelassen von Deng und seinem Führungskader, schließlich wetterten die Meinungen ja auch gegen Hua Guofeng und kamen so Deng und seinen Zielen nur allzu gelegen. Schließlich versuchte Deng, wo er nur konnte Huas Einfluss und Ansehen zu schwächen. Die Forderungen der Schriftsteller und Intellektuellen ging sogar so weit, dass Sie Demokratie als 5. Modernisierung forderten. Ab Ende März des Jahres 1979 ging es ihnen jedoch zu weit mit der Kritik und so wurden sechs prominente Schriftsteller

---

[17] Siehe Meyer, Milton Walter: China, A Concise History S.306
[18] Siehe Hu, Xiulan: Sozialistische Marktwirtschaft in der VR China. S.69f
[19] Siehe Meyer, Milton Walter: China, A Concise History, S.309
[20] Ebenda: S.309
[21] Siehe Weggel, Oskar: Geschichte Chinas im 20. Jahrhundert, S. 313

festgenommen, unter ihnen Wei Jinsheng ein berühmter Schriftsteller und Journalist, und wurden zu Haftstrafen verurteilt. So endete die kurze Zeit der uneingeschränkten Meinungsfreiheit für die chinesische Bevölkerung wieder einmal.[22]

2.1.2.6. Beijinger Frühling

Auch wenn das Land und die Gesellschaft aufblühten, so hat die Bezeichnung Beijinger Frühling eine andere Bedeutung. Nach dem Tod des liberalen Politikers Hu Yaobang am 15. April 1989, fanden hunderte von Studenten sich am Tiananmen-Platz für seine Trauerfeier ein. Doch Sie waren nicht nur wegen der Trauerfeier gekommen. Sie forderten Verbesserung ihrer Umstände durch eine Demokratisierung des Landes. Der Platz wurde 6 wochenlang besetzt und die Demonstranten traten in den Hungerstreik. Die Demonstranten stellten eine Statue für die Göttin der Demokratie auf, welche später von Volksbefreiungsarmee zerstört wurde.[23] Die Demonstrationen blieben von der Welt nicht unbemerkt, da zu jenem Zeitpunkt Michael Gorbatschow das Land besuchte und viele internationale Nachrichtenagenturen sich deshalb im Land befanden. Somit ein optimaler Zeitpunkt für die Studenten auf sich aufmerksam zu machen. Sie forderten Staatspräsident Li Peng auf, der Menge Rede und Antwort zu stehen und mit ihnen in den Dialog zu treten. Doch dieser erschien nicht auf dem Platz. Der wochenlange Protest zerrte an den Kräften der Protestanten, unter denen sich nicht nur Studenten, sondern auch Arbeiter, also einfache Bürger befanden und nicht, wie später behauptet, nur staatsschädigende Feinde. Nach einer stundenlangen Diskussion der Regierungsmitglieder am 19. Mai 1989, wurde beschlossen die Aufstände durch Militäreinsatz zu beenden. So geschah es, dass am 19. Mai Militärtruppen Peking, in dem sich überall Demonstranten befanden, stürmten und die verbliebenen Demonstranten auf dem Tiananmen-Platz und auch alle restlichen Demonstranten, die sich in der Stadt befanden und Barrikaden aufgebaut hatte, gewaltsam entfernten. Bei der Räumung kamen viele Menschen ums Leben. Dieses Ereignis ging in die Geschichte als Tiananmen-Massaker ein. Heute wird der Platz „Platz des himmlischen Friedens genannt". Noch heute wird das Massaker in chinesischen Geschichtsbüchern als Zwischenfall verharmlost.[24]

---

[22] Siehe Weggel, Oskar: Geschichte Chinas im 20. Jahrhundert S.314
[23] Siehe Schoppa, R. Keith: The Columbia Guide to Modern Chinese History. S.156
[24] Siehe Baum, Richard: Burying Mao. S.247 ff

2.1.3. Phase II: 1989 bis 2003

2.1.3.1.   Der Kurs nach dem Massaker

Nach dem Tiananmen-Massaker, büßte Deng Xiaoping viel Prestige ein und musste einen anderen Kurs einschlagen. Sein bisheriger Kurs war vielversprechend gewesen, doch nun kam ein Bruch, den er hatte nicht voraussehen können. Das radikale Vorgehen gegen die Demonstranten war der Bevölkerung nur allzu schmerzlich im Bewusstsein verankert. Dies wäre eine Gelegenheit für die Opposition gewesen sich mit einem Programm durchzusetzen. Doch diese hatte kein alternatives Programm, das die Bevölkerung angenommen hätte. Die Alternative hätte nämlich darin bestanden sich vom neuen Reformkurs abzuwenden und sich wieder den alten Dogmen und Weisungen Maos zu zuwenden. Dies wäre bei der Bevölkerung jedoch niemals auf Widerklang gestoßen und so hatte Deng von der Opposition nichts zu befürchten.[25] Da er also keine vollkommen neuen Reformen einführen konnte und vielleicht auch gar nicht wollte, überarbeitete er einfach seine alten Reformen. Dabei kam heraus, dass der Fokus der Regierung auf dem wirtschaftlichen Wachstum und der Modernisierung liegen würde.[26] Ein Konzept, dass sich schon bald als sehr ertragreich erweisen sollte. Schließlich geben die heutigen wirtschaftlichen Zahlen aus China Deng Recht.

2.1.3.2.   Dengs Nachfolger

Der neue Kurs war also eingeschlagen und die Reformen überarbeitet worden. Aber ein Problem blieb für Deng. Als sein Nachfolger hatte Li Peng als Spitzenkandidat gegolten, bis zum Tiananmen-Massaker. Li Peng war damals Ministerpräsident und maßgeblich an dem Massaker und dessen Ausführungsbefehl beteiligt. Dieses negative Bild brachte für ihn das Aus als Nachfolgekandidat. Ein neuer Kandidat war schnell gefunden und wurde Nachfolger Dengs, als oberstes Mitglied der Partei, es war Jiang Zemin. Dieser wurde sorgfältig von Deng ausgesucht und auch nach Dengs Rücktritt weiterhin von ihm beraten und politisch stark beeinflusst. Jiang Zemin bewies sich als fähiger Nachfolger und Aufrechthalter der Strukturen Dengs.[27]

---

[25] Siehe Weggel, Oskar: Geschichte Chinas im 20. Jahrhundert. S.319
[26] Siehe Roberts, J. A. G.: A history of China. S.298
[27] Ebenda: S.298

2.1.3.3.   Inspektionsreise in den Süden Chinas und Deng Xiapings Tod

Im Zusammenhang mit den Geschehnissen während des Massakers und der darauffolgenden Überdenkung der Partei, kamen von oppositionellen Politikern des Landes, gemeint sind linke Politiker, Unmut auf und Gedanken bildeten sich wie etwa die Idee einer Neureformierung nach ihren Vorstellungen, was einen Bruch mit den bisherigen Reformen bedeuten würde. Um seine politische Präsenz zu demonstrieren und die irritierten Politiker zu überreden und somit wieder auf den richtigen Weg, also zu seinen Reformen, zu bringen, machte Deng Xiaoping im Jahr 1992 eine Inspektionsreise in den Süden Chinas. Auf dieser Reise redete er mit verschiedenen Politikern und erklärte sein Verständnis vom Begriff der sozialistischen Marktwirtschaft.[28] Die Kernaussagen seiner Reden werden in einem späteren Punkt genannt. Diese Inspektionsreise wurde symbolträchtig für die Macht des damals 88 - jährigen Deng, seinen starken Willen und die Kraft, ihn trotz seines hohen Alters, durchzusetzen. Nach dieser Reise nannte man ihn den „Reformkaiser".[29] Deng hatte in beeindruckender Weise bewiesen, dass er die Reformen verteidigen konnte.

Deng Xiaoping starb am 19. Februar 1997 im Alter von 93 Jahren. Er litt an der Parkinson-Krankheit und litt unter einer Lungeninfektion bei seinem Tod. Weder sein Alter noch seine Krankheit konnten ihn davon abhalten seine politischen Ziele, seine Reformen, durchzusetzen. Er prägte eine Ära in der chinesischen Geschichte und schaffte es oftmals sogar, ohne ein gewisses politisches Amt inne zu haben, außer dem des Parteivorsitzenden, die Politik und die Geschicke des Landes so zu lenken, dass Sie nach seinen Vorstellungen abliefen, praktisch aus den Schatten heraus.[30]

2.1.3.4.   Die ersten Früchte der Reform

Der neue Reformkurs, der sich nun auf die Wirtschaft konzentrierte, machte sich bald bezahlt. Der erlangte finanzielle Gewinn führte zu Wohlstand und einer gefestigten Mittelstand. Diese neuen Wirtschafts- und Berufsmöglichkeiten nutzten die Bürger für sich. Die Bevölkerung wurde von politischen Gedanken abgelenkt. Deng hatte sein Ziel, mit der Überarbeitung der Reformen und der Versetzung des Schwerpunktes somit, erreicht. Die rasante Entwicklung der Wirtschaft und der neu erlangte Wohlstand blieben auch in internationaler Sicht nicht unbekannt, es wird vom „chinesischen Wirtschaftswunder"[31] gesprochen.

---

[28] Siehe Roberts, J. A. G.: A history of China. S.299
[29] Siehe Schöttli, Urs: China: Was hat sich seit 1976 ereignet, S.14
[30] Siehe Shambaugh, David: Deng Xiaoping. Portrait of a statesman. S.8
[31] Siehe Schöttli, Urs: China: Was hat sich seit 1976 ereignet, S. 14

2.1.3.5.   „Mandat des Himmels"

Das „Mandat des Himmels"[32] wird benötigt um in China an der Macht zu sein. Dies bedeutet nicht die Zustimmung der religiösen Vertreter und Verleihung eines göttlichen Beistandes, wie etwa bei den Herrschern in Europa, zur Zeit des Mittelalters. Dieses Mandat kann dem Herrscher des Landes entzogen werden, sollte er sich nicht um das Wohl und das Leben der Bevölkerung ausreichend kümmern. Frühere Machtinhaber wie Mao Zedong, der sich nach dem Bürgerkrieg und der Gründung der Volksrepublik als würdig erwiesen hatte und Deng Xiaoping, der sich durch sein Talent als begabter Reformer erwies, erhielten das Mandat problemlos. Auch der im Verhältnis zu den Vorgängern junge Jiang Zemin erwies als würdig, durch die Durchführung der bestehenden Reformen und der Aufrechthaltung und sogar Steigerung des Wohlstandes des Landes. Die kommenden Nachfolger jedoch waren zu jung um sich im Krieg zu erweisen oder Dengs Reformen anzunehmen, da diese schon durchgesetzt waren. Sie mussten ein Erbe antreten, bei dem Sie erst lernen mussten, wie Sie ihre Stellung festigen konnten.[33]

2.1.4. Phase III: 2003 bis heute

2.1.4.1.   Machtwechsel

Nun erfolgt ein geschichtsträchtiger Machtwechsel in der Geschichte der Volksrepublik Chinas. Zum ersten Mal erfolgt eine friedliche Machtübergabe an den politischen Nachfolger der Parteiführung. Dieser Wechsel beginnt im Jahre 2002 und endet 2003 mit der Übergabe des Vorsitzes der zentralen Militärkommission von Jiang Zemin auf Hu Jintao. Der neue Staats- und Parteichef Hu Jintao und Ministerpräsident Wen Jiabao hatten, als Erbe von ihren Vorgänger ein gefestigtes und wirtschaftlich blühendes Land bekommen. Die politischen Verhältnisse waren stabil und so konnten sich die neue Führungsebene den Problemen des Landes zu wenden. Diese bestanden in einem immer weiter wachsenden „Reichtumsgefälle zwischen den Regionen und zwischen den verschiedenen sozialen Schichten"[34] und Versorgungsengpässe bei der bedürftigen Bevölkerung, also dem wirtschaftlich schwachen Teil der Bevölkerung.[35]

---

[32] Ebenda: S.14
[33] Ebenda: S.14f
[34] Siehe Schöttli, Urs: China: Was hat sich seit 1976 ereignet, S. 15
[35] Ebenda: S.14f

2.1.4.2.   Das Problem Korruption

Ein fehlender Rechtsapparat machte es den Bürgern Chinas schwer ihre Forderungen nach Gerechtigkeit einzuholen. Die Partei stand weiterhin über allem. Auch wenn in der Öffentlichkeit der Wunsch nach Gerechtigkeit und gleicher Behandlung von den Politikern selber geäußert wurde, so sah die Realität doch anders aus. Gelangte ein Skandal ans Licht, der einen Politiker belastete, so hatte das meist andere Gründe, als das Streben nach Gerechtigkeit. Diese Gründe waren meist interne Streitigkeiten in der Partei und ein Kräftemessen der Beteiligten.[36]

2.2. Wirtschaftliche Entwicklung

2.2.1. Chinesisch sozialistische Marktwirtschaft

Das Prinzip der Marktwirtschaft wird in westlichen Kreisen gleichgesetzt mit dem Kapitalismus. So erscheint im kommunistischen China der Begriff Marktwirtschaft zuerst falsch gewählt. Doch es handelt sich um eine besondere Marktwirtschaft, die sozialistische Marktwirtschaft. Unter diesem Wirtschaftssystem versteht die kommunistische Partei Chinas, dass der Staat auf Makroebene die Kontrolle über das Wirtschaftssystem inne hat. Des Weiteren bilden Staats- und Kollektiveigentum den Hauptfeiler der wirtschaftlichen Struktur. Privateigentum an Produktionsmitteln und ausländisches Kapital sind als wichtiger Teil der Wirtschaft zugelassen. Auf der Ebene der Wirtschaft findet also ein wettbewerbsorientierter Handel statt, der unter kommunistischer Führung gelenkt und kontrolliert wird.[37]

2.2.2. Dengs Eckpunkte für die sozialistische Markwirtschaft

Bei seiner Inspektionsreise im Jahr 1992 setzte Deng Xiaoping die Kernpunkte über seine Vorstellung für eine sozialistische Marktwirtschaft. An dem Entwicklungskonzept der „einen zentralen Aufgabe und der zwei grundlegenden Rahmenbedingungen" muss hundert Jahre festgehalten werden. Die Einrichtung der Wirtschaftssonderzonen ist richtig. Bei der Forstsetzung der Reform- und Öffnungspolitik sollten mehr Mut und Risikobereitschaft gezeigt werden. Den „Vier kleinen Tigern" Asiens Hongkong, Taiwan, Südkorea und Singapur solle nachgeeifert werden. Dies gelte besonders für Singapur. Es sollten mehr Unternehmen mit Auslandskapital zugelassen werden. Plan und Markt sind zwei wirtschaftspolitische Instrumentarien und keine Unterscheidungsmerkmale zwischen Sozialismus und Kapitalismus. Eine Reihe von Institutionen des Kapitalismus, wie z.B.

---

[36] Ebenda: S.15f
[37] Siehe: Hu, Xiulan: Sozialistische Marktwirtschaft in der VR China. S.1

Wertpapier- und Aktienbörsen, können auch innerhalb des sozialistischen Systems Anwendung finden. Zur Unterscheidung ob etwas sozialistisch oder kapitalistisch ist, gibt es drei Kriterien. Dient es der Entwicklung der Produktionskräfte der sozialistischen Gesellschaft? Dient es der Erhöhung der nationalen Stärke des sozialistischen Staates? Dient es der Steigerung des Lebensstandards des Volkes? China muss sich vor Rechtstendenzen hüten, hauptsächlich jedoch vor Linksabweichungen in Acht nehmen. Es ist notwendig, jüngere Führungskader in die Parteispitze aufzunehmen. Das sozialistische System muss auch in Zukunft mit Hilfe der Diktatur des Proletariats verteidigt werden. [38]

2.2.3. Gründe für die erfolgreiche Entwicklung des chinesischen Sozialismus

Im Gegensatz zum osteuropäischen Modell funktionierte in China der Transformationsprozess zur sozialistischen Marktwirtschaft. Für diesen Erfolg gibt es verschiedene Gründe. Im chinesischen Modell wurde die Landwirtschaft als Basis für den Modernisierungsprozess genommen. Durch den Gewinn in dieser Sparte konnten regionale Infrastruktur und weitergehende Industrialisierungsvorhaben ausgebaut werden. Der Austausch von neu produzierten Waren ermöglichte eine effektive Gewinnsteigerung und förderte den Ausbau. Ein weiterer Punkt für den Erfolg war die Regionalisierung der Ökonomie. Regionale und lokale Selbständigkeit erlaubte den Unternehmen eine Verwirklichung der wirtschaftlichen Selbständigkeit. Steuerfragen und –abgaben sind also an Regionen gebunden und entwickeln sich je nach Region unterschiedlich schnell.[39] Außerdem wurden durch Verknüpfung von Binnenmarkt und Außenwirtschaft neue Entwicklungspotenziale erschlossen. Ein weiterer Grund war die schrittweise Veränderung des Preissystems. Die Anpassung an den tatsächlichen Kostenpreis der Güter brachte Probleme mit sich, schließlich sollte eine Versorgung aller Bürger gewährleistet sein in einem kommunistischem System. Unter wettbewerbstechnischen Aspekten jedoch ist es wichtig, dass der Preis sich in seinen tatsächliche Kosten niederschlägt. Bei der Unterstützung seiner Bürger stößt das System jedoch auf seine Grenzen, da es durch sein dezentralisiertes System nur schwer die Bürger subventionieren kann. In Anlehnung an diesen Punkt erfolgt als weiterer Punkt für Entwicklung des sozialistischen Systems, dass Unternehmen nun frei wirtschaften können und somit der Markt den Gewinn steuert. Der letzte Punkt besteht darin, dass China Eigentum anerkennen musste und so ein wirtschaften erst zu Stande kommen konnte.

---

[38] Siehe: Hu, Xiulan: Sozialistische Marktwirtschaft in der VR China. S.363f
[39] Siehe Bischoff, Joachim: Neoliberalismus in China!? Oder „Sozialistische Marktwirtschaft"? S.21ff

2.2.4. Wanderarbeiter in China

Wie bereits unter dem Punkt verschiedenen Volkswirtschaften erwähnt und dargestellt, besteht der Großteil der chinesischen Bevölkerung aus Landbevölkerung. Jedoch wirft der Ertrag aus der Landwirtschaft in vielen Regionen Chinas nicht genug Gewinn ab, um die Lebenshaltungskosten einer Familie zu gewährleisten. Aus diesem Grund entschließen sich viele, zu meist junge, Menschen als Wanderarbeiter zu arbeiten. Bevölkerungsschichten, die ursprünglich auf dem Land leben, ziehen im Zuge des Geldverdienens in die Stadt. Das erworbenen Einkommen muss oft ausreichen um die Familie auf dem Land zu versorgen. Über das Jahr hinweg wird oft eisern gespart um, die erzielten Gewinne möglichst hoch zu halten und somit der Familie einen größeren Betrag zur Verfügung stellen zu können.

Das Modell des Wanderarbeiters gab es schon lange in China. Betrachtet man die Entwicklung seit 1978 kann man die Wanderungsströme in vier Phasen fassen. Von 1978 bis 1984 handelte es sich um etwa 200.000 Menschen, die meist jung und/oder handwerklich besonders geschickt waren. In der zweiten Phase von 1985 bis 1988, steig die Zahl der Wanderarbeiter rasch an. Diese wurden hauptsächlich in den Küstenregionen, im Bereich des Dienstleistungssektors benötigt. In der dritten Phase steig die Zahl der Wanderarbeiter lawinenartig an, bis zu 10 Millionen an. In der vierten und letzten Phase stabilisiert sich die Zahl der Wanderarbeiter. Diese Phase Beginnt 1995 und dauert bis heute an.[40]

2.2.5. Verschiedene Volkswirtschaften

Spricht man von der chinesischen Volkswirtschaft muss man eigentlich zwischen drei Volkswirtschaften unterscheiden. Zur ersten Volkswirtschaft gehören die reichen Küstenregionen. In diesen Regionen ist der Lebensstandard hoch und auf gleichem Niveau mit dem Westen. Etwa 160 bis 200 Millionen Menschen machen diese Schicht aus. Bei diesem Teil der Bevölkerung spricht man von einer Konsumgesellschaft, die sich durch ihr Einkommen Luxusgüter leisten kann.

Die zweite Volkswirtschaft besteht aus den Bewohnern der Bevölkerung des Nordens und Nordostens. Dieser Bevölkerungsteil, der etwa 150 Millionen ausmacht, kann mit seinem Einkommen ebenfalls seine Lebenshaltungskosten voll und ganz decken und kann sich sogar teilweise Luxusgüter leisten.

Die dritte Volkswirtschaft besteht aus der Landbevölkerung, die den größten Teil mit etwa 800 Millionen ausmacht. Bewohner aus dieser Sparte leben hauptsächlich von Landwirtschaft

---

und können sich mit ihren Erträgen ernähren. Doch Sie leben am Minimum und können sich mit ihrem Einkommen meist keine Luxusgüter leisten.

Ein weiterer Teil der Bevölkerung lebt unter der Armutsgrenze. Für diese Bürger haben auch die Reformen und der wirtschaftliche Aufschwung keine Verbesserung ihrer Lebensumstände gebracht oder sind an ihnen vorbeigegangen.

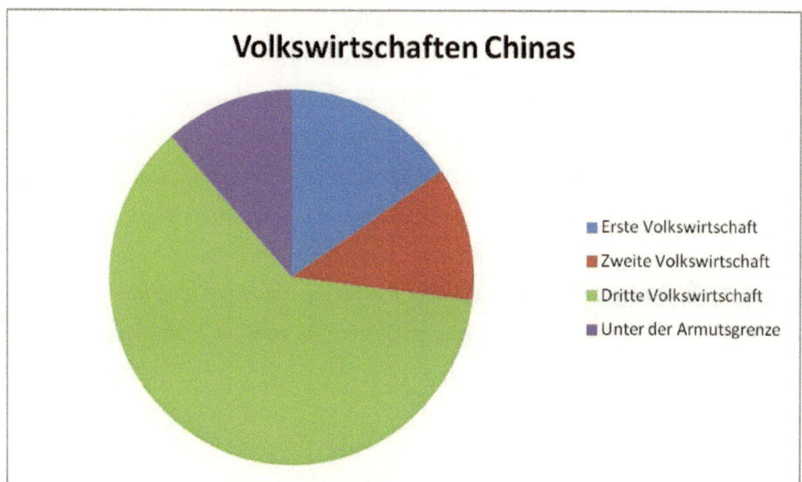

Die Graphik[41] macht deutlich wie groß das Reichtumsgefälle in der Volksrepublik China ist. Vom wirtschaftlichen Aufschwung, dem sogenannten Wirtschaftswunder profitieren gerade mal ein Viertel aller Bürger. China hat also noch einen weiten Weg vor sich bevor es als absolute Supermacht angesehen werden kann.[42] Der hohe Anteil der Landbevölkerung ist darauf zurückzuführen, dass durch die rasante wirtschaftliche Entwicklung, zwar ein urbaner Teil der Bevölkerung modernisiert wurde, diese Modernisierung die ländlichen Regionen nur langsam oder gar nicht erreicht hat.[43]

2.2.6. Versorgungsprobleme

Wie bereits erwähnt leben über 800 Millionen Menschen in China von der Landwirtschaft. Studien belegen jedoch, dass diese 800 Millionen nicht alle nötig sind, um die Versorgung des Landes aufrecht zu halten. Ihre Arbeitskraft auf dem Land ist also entbehrlich. Da diese Bürger also schon um ihren Lebensunterhalt arbeiten und sich kaum Luxusgüter leisten

---

[41] Die Werte sind aus Schöttli, Urs: China. Was hat sich seit 1976 ereignet?
[42] Schöttli, Urs: China. Was hat sich seit 1976 ereignet? S.16f
[43] Peters, Helmut: Wie stabil die chinesische Entwicklung? S. 47

können, ist ihre Lage besonders gefährlich durch ihre Entbehrlichkeit. Des Weiteren steigt mit der hohen Bevölkerungszahl auch das Problem der ärztlichen Versorgung. Wichtiges Ackerland, das für die Versorgung der Bevölkerung genutzt werden sollte, wird anderweitig genutzt und ein Teil des Landes wird durch Erosion nutzlos für die Landwirtschaft. Im Moment kann China seine Bevölkerung durch Einkäufe aus dem Ausland ernähren. Auch das Grundwasser wird knapp. Viele Grundwasserquellen und Oberflächenressourcen werden durch Industrieabfälle verunreinigt. Dazu kommt die seit 1979 eingeführte Ein-Kind-Politik. Erdacht um den Bevölkerungsanstieg zu dämpfen, wird die Ein-Kind-Politik immer stärker zum Problem. Mit zunehmendem Alter werden immer mehr Menschen von wenig Personen abhängig. Dieses Modell nennt man 1-2-4 Modell. Übersetzt bedeutet es, dass ein Enkelkind später zwei Eltern und 4 Großeltern versorgen muss, was eine große Belastung bedeutet. Hinzu kommt, dass viele Familien sich „männliche Stammhalter" suchen. Ein unausgeglichener demographischer Wandel ist die Folge, indem der Männeranteil deutlich höher ist. Sowohl in Hinsicht auf die Altersstrukturen, als auch die Verteilung der Partner entsteht ein Ungleichgewicht.[44]

2.2.7. Wirtschaftsbilanzen

Trotz des starken Reichtumsgefälles, bleibt Chinas wirtschaftliche Stärke unbestritten. Die Fakten die Vorliegen beweisen das Funktionieren des Wirtschaftsprinzips.

Sollten die Prognosen eintreten und China behält seine jetzige Entwicklung bei, wird es zum wirtschaftlich stärksten Land der Welt.

---

[44] Siehe Schöttli, Urs: China. Was hat sich seit 1976 ereignet? S.17ff

Hier eine Graphik[45] zum internationalen Vergleich:

Hier die Wirtschaftsbilanzen aus dem Jahr 2009:

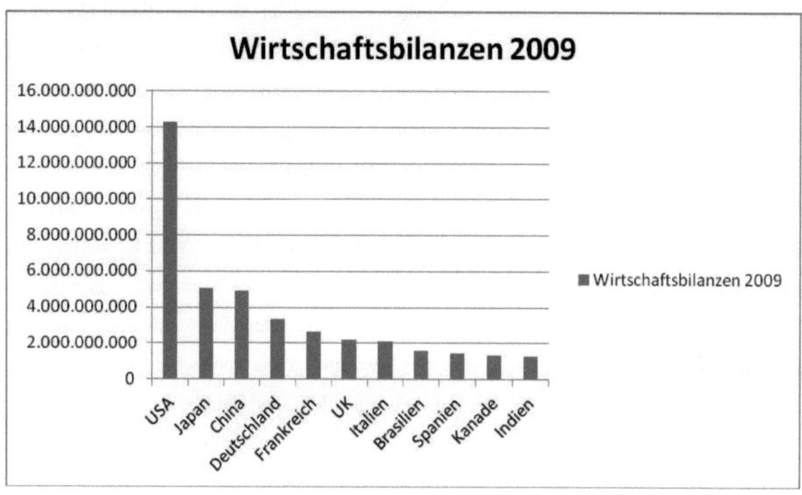

Hier die Prognosen für das Jahr 2050:

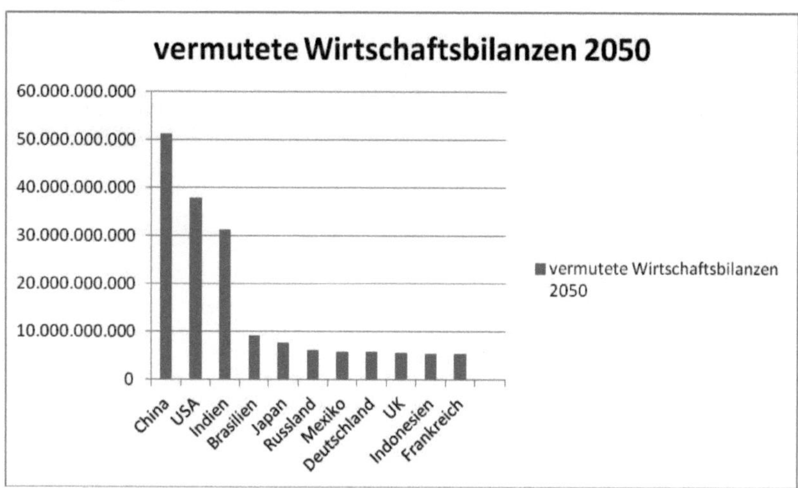

---

[45] Die Zahlen wurden dem online-portal von weltonline entnommen:
http://www.welt.de/wirtschaft/article12128457/Der-Westen-wird-zum-oekonomischen-Leichtgewicht.html

3. China, eine aufsteigende Supermacht?

Auch wenn China in der Zeichentrickserie South Park überspitzt dargestellt wurde als aufsteigende Wirtschaftssupermacht, so ist doch ein aktueller Anstoß an diesen Gedanken gekoppelt. Es ist jedoch auffällig, dass zur heutigen Zeit die Wirtschaftsmacht Chinas als gefährlich und im Aufstieg bezeichnet wird. Denn China war schon zu Napoleon Bonapartes Zeiten und Anfang des 20. Jahrhunderts, als „gelbe Gefahr" bekannt, die stets im Auge behalten wurde. Worin könnte also der Grund liegen, dass China immer als Bedrohung angesehen wird und der wirtschaftliche Aufstieg sogar als negativer Punkt zur Bedrohung beträgt. Im Gegensatz zur westlichen Welt herrschen in China Kommunismus und das Ein-Parteien-System der kommunistischen Partei. Der Kommunismus wird als Gefahr und Feind des Kapitalismus propagiert. So scheint es natürlich, dass ein kommunistisches Land als Gefahr eingestuft wird und genau beobachtet wird vom Rest der Welt. Doch es ist nicht nur der Kommunismus allein, der China so gefährlich macht. Viele Faktoren spielen eine wichtige Rolle. Die Bevölkerungszahl von über einer Milliarde Menschen und die enorme Wirtschaftswachstumsrate tun ihr weiteres dazu. Bevor China jedoch eine Supermacht wird, zu der Sie schon oft erklärt wurde, stehen ihr noch viele Problem bevor. Die Grundversorgung der zahlreichen Bürger nicht im Aspekt der Lebensmitteln, sondern auch gesundheitliche Versorgung und Bildung, müssen gewährleistet werden. Auch wenn schon einige Chinesen auf westlichen Lebensstandards leben, so ist es doch noch ein weiter Weg, bevor eine Versorgung aller Bürger gewährleistet werden kann. China hat also noch einen langen Weg vor sich, auch wenn es schon sehr gut vorgelegt hat.

4. Quellenverzeichnis

<u>Buchquellen</u>:

1. Meyer, Milton Walter: *China, A Concise History.* Second Edition, Revised. Rowman&Littlefield Publishers, Inc. 1994

2. Schöttli, Urs: *China: Was hat sich seit 1976 ereignet? Analyse der volkswirtschaftlichen, sozialen und politischen Implikationen der von Deng Xiaoping angestoßenen Reformen.* Sozialwissenschaftliche Schriftenreihe. Internationales Institut Liberale Politik Wien, August 2008.

3. Weggel, Oskar: *Geschichte Chinas im 20. Jahrhundert.* Kröner Verlag Stuttgart 1989.

4. Schoppa, R. Keith: *The Columbia Guide to Modern Chinese History.* Columbia University Press. Chichester, West Sussex,2000.

5. Chung Yueh, Immanuel: *The Rise of Modern China.* Fifth Edition, Oxford University Press, Inc. 1995.

6. Evans, Richard: *Deng Xiaoping and the making of modern China.* Penguin Group, England 1993.

7. Baum, Richard: *Burying Mao. Chinese Politics in the Age of Deng Xiaoping.* Princeton University Press. Princeton, New Jersey 1994.

8. Roberts, J. A. G.: *A history of China.* Harvard University Press, North America 1999.

9. Shambaugh, David: *Deng Xiaoping. Portrait of a Chinese Statesman.* Clarendon Press, Oxford 1995.

10. Awater, Laurenz: *Die politische Wirtschaftsgeschichte der VR China. Vom Sowjetmodell zur sozialistischen Marktwirtschaft.* LIT Verlag, Münster 1998.

11. Hu, Xiulan: *Sozialistische Marktwirtschaft in der VR China: Individualisierung und gesellschaftliche Krisenerscheinungen.* Bibliotheks- und Informationssytem der Universität Oldenburg 2000.

12. Bergmann, Theodor: *Rotes China im 21. Jahrhundert.*VSA Verlag, Hamburg 2004.

13. Bischoff, Joachim: *Neoliberalismus in China?! Oder "Sozialistische Marktwirtschaft"?* im Supplement der Zeitschrift Sozialismus, Band 2007.

14. Itoh, Makoto: *Sozialistische Marktwirtschaft und der chinesische Weg. Theoretische und reale Widersprüche.* Im Supplement der Zeitschrift Sozialismus, Band 2003.

15. Peters, Helmut: *Wie stabil ist die chinesische Entwicklung?* In der Zeitschrift Sozialismus, Heft 3, Band 2007.

<u>Internetquellen</u>:

16. http://www.welt.de/wirtschaft/article12128457/Der-Westen-wird-zum-oekonomischen-Leichtgewicht.html, zuletzt aufgerufen am 14. Januar 2011

17. http://www.southpark.de/, zuletzt aufgerufen am 14. Januar 2011